ISBN 978-3-662-22722-0 ISBN 978-3-662-24651-1 (eBook)
DOI 10.1007/978-3-662-24651-1

Die in den Sitzungsberichten Abtlg. I und Abtlg. II der math.-nat. Klasse der **Österr. Ak. d. Wiss.** erscheinenden Abhandlungen werden auch einzeln abgegeben. Sie können durch jede Buchhandlung oder direkt durch die Auslieferungsstelle der Österreichischen Akademie der Wissenschaften (Wien I, Singerstraße 12) bezogen werden.

Nachfolgende Abhandlungen aus dem Fache Botanik (Biologie) sind erschienen:

1957 (S I Bd. 166):

Politis J.: Über die „Tanninoplasten" oder Gerbstoffbildner der Crassulaceae (mit 2 Textabbildungen und 1 Tafel). S 6.—
Politis J.: Über einen neuen Pflanzenfarbstoff in den Blüten einiger Verbascum-Arten (mit 2 Tafeln). S 5.20
Übeleis Ilse: Osmotischer Wert, Zucker- und Harnstoffpermeabilität einiger Diatomeen (mit 1 Textabbildung). S 30.40

1958 (S I Bd. 167):

Höfler Karl: Permeabilitätsstudien an Parenchymzellen der Blattrippe von Blechnum spicant (mit 5 Textabbildungen). S 45.—
Rechinger K. H., Dulfer H. und Patzak A.: Širjaevii fragmenta astragalogica IV. S 38.10
Url Walter: Zur Wirkung der Atmungsgifte Natriumazid und Dinitrophenol auf die Permeabilität von Blechnum spicant-Zellen (mit 3 Textabbildungen). S 25.—
Wawrik Friederike: Hochgebirgs-Kleingewässer im Arlberggebiet III (mit 3 Textabbildungen und 1 Tafel). S 18.90

1959 (S I Bd. 168):

Biebl Richard: Röntgenstrahlenwirkungen auf Commelinaceenstecklinge (Total- und Partialbestrahlungen) (mit 9 Tabellen und 5 Textabbildungen). S 31.20
Höfler Karl: Über die Gollinger Kalkmoosvereine (mit 1 Textabbildung und 1 Tafel). S 34.50
Höfler Karl und Fetzmann Elsa Leonore: Algen-Kleingesellschaften des Salzlackengebietes am Neusiedler See I (mit 1 Tafel). S 21.50
Hustedt Friedrich: Die Diatomeenflora des Salzlackengebietes im österreichischen Burgenland (mit 31 Textabbildungen und 1 Tafel). S 53.90
Luhan Maria: Zur Wurzelanatomie unserer Alpenpflanzen. IV. Compositae (mit 9 Textabbildungen und 4 Tafeln). S 36.90
Pfoser Karl: Vergleichende Versuche über Verholzungsreaktionen und Fluoreszenz (mit 2 Textabbildungen und 2 Tafeln). S 18.70
Rechinger K. H., Dulfer H. und Patzak A.: Širjaevii fragmenta astragalogica. S 29.40
Wendelberger Gustav: Die Vegetation des Neusiedler See-Gebietes. S 7.20

1960 (S I Bd. 169):

Bolay Erika: Die Vitalfärbung voller Zellsäfte und ihre cytochemische Interpretation (mit einer Textabbildung und 5 Tafeln). S 49.—
Ehrendorfer F.: Neufassung der Sektion Lepto-Galium Lange und Beschreibung neuer Arten und Kombinationen (zur Phylogenie der Gattung Galium, VII). S 12.—
Franz Gertrude: Die Mikroflora einiger Standorte im Leithagebirge in ihrer Abhängigkeit von Boden und Vegetationsdecke (mit 22 Textabbildungen). S 88.—
Pruzsinszky S.: Über Trocken- und Feuchtluftresistenz des Pollens (mit 12 Abbildungen auf 6 Tafeln). S 63.40

1961 (S I Bd. 170):

Fetzmann Elsalore, Vegetationsstudien im Tanner Moor (Mühlviertel, Oberösterreich) (mit 2 Textabbildungen und 2 Tafeln). S 170–3, S 23.–
Pruzsinszky Siegfried und Url Walter, Ein Beitrag zur Desmidiaceenflora des Lungaues. S 170–1, S 9.–
Rechinger K. H., Dufler H. und Patzak A., Širjaevii fragmenta astragalogica XIII. bis XVII. Teil. S 170–2, S 56.–

1962 (S I Bd. 171):

Niklfeld Harald, Über die Pflanzengesellschaften der Fels- und Mauerspalten Südfrankreichs (mit 1 Textabbildung und 1 Falttabelle) 171–23, S 52.–
Url Walter, Permeabilitätsversuche an Stengelepidermiszellen von Gentiana germanica und Gentiana ciliata (mit 3 Textabbildungen) 171–16, S 40.–

Zur Floren- und Vegetationsgeschichte des ungarischen Tertiärs

Von G. ANDREÁNSZKY

Mit 6 Textabbildungen

(Vorgelegt in der Sitzung am 18. Juni 1964)

Die Erforschung der Tertiärflora ist in Ungarn so weit fortgeschritten, daß wir die Wandlungen der Flora und Vegetation, obwohl mit großen Lücken und Unsicherheiten, doch schon überblicken können. Dem Versuch, ein einheitliches Bild der Flora und Vegetation eines größeren Gebietes, sagen wir Mitteleuropas, in engem Zusammenhang mit unseren Kenntnissen zu entwerfen, stehen aber noch unüberwindbare Hindernisse im Wege. Diese Hindernisse bestehen in erster Linie im Fehlen einer einheitlichen und auch für die terrestrischen bzw. limnischen Sedimente gültigen Stratigraphie. Wenn die Schichten keine marinen Tierfossilien führen, auf die die geologische Stratigraphie aufbauen kann, und wir auf den Bestand an Landpflanzen angewiesen sind, ist es oft nicht zu entscheiden, ob die Übereinstimmungen zwischen den Floren fernergelegener Gebiete der Gleichzeitigkeit oder nur entsprechenden gleichartigen Umweltverhältnissen zu danken sind.

Wir müssen uns daher, um nicht auf falsche Wege zu geraten, auf die Tertiärflora Ungarns selbst beschränken, obwohl wir so nur ein beschränktes Bild darstellen können.

Die Lage der wichtigeren Pflanzenfundorte des ungarischen Tertiärs ist aus den Karten (Abb. 1 u. 2) ersichtlich.

Unsere Kenntnisse über die ungarische Tertiärflora beruhen in erster Linie auf Abdrücken von Blättern, Blüten, Samen und Früchten, in zweiter Linie auf fossilen Hölzern und auf dem Sporen- bzw. Polleninhalt der Schichten.

B
B
Miskolc
Bükk
Börzsöny
Cserhát
UO
Eger
OO
H
Mátra
Gyöngyös
OO
E
Gerecse
Pilis
E
UO
BUDAPEST
E
E
Bakony
Balaton
Mecsek
H H
Pécs

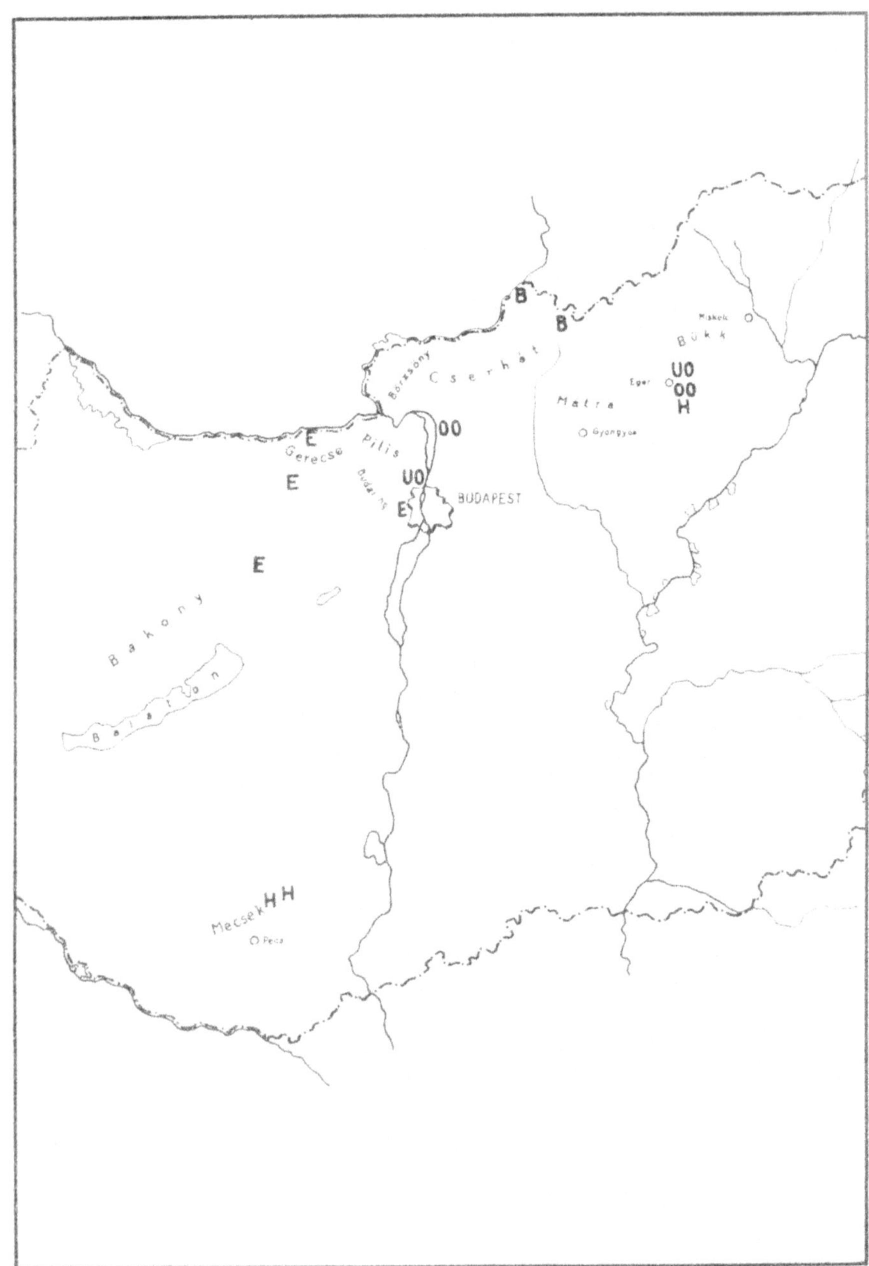

Abb. 1

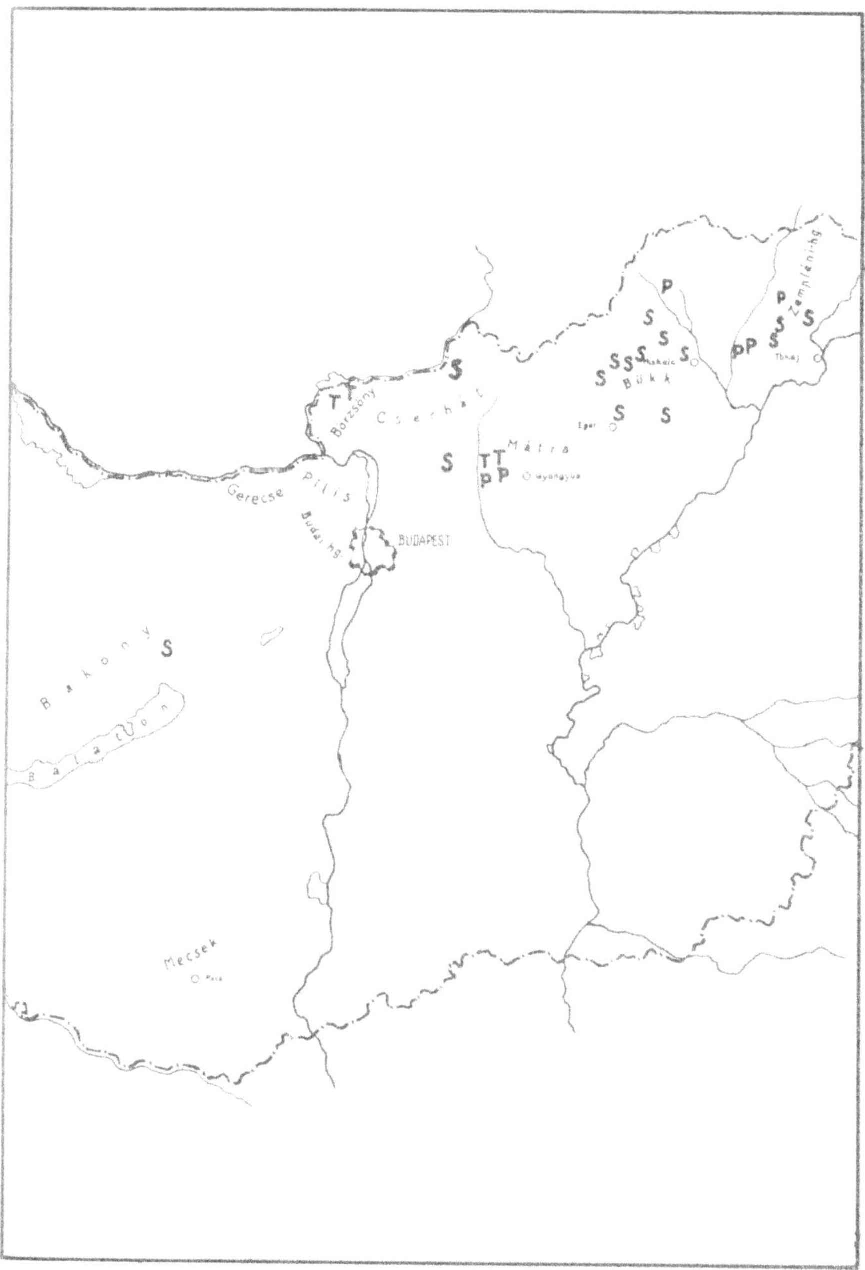

Abb. 2

Die Abdrücke sind in verschiedensten Gesteinen (in Tuff, Tuffit, Sandstein, Mergel, Schiefer, Ton und Schlamm) eingebettet. Ihr Erhaltungszustand ist sehr verschieden. Die feineren Sedimentgesteine bewahrten auf den in ihnen eingebetteten Abdrücken oft die feinste Nervatur. Doch kommen nur ausnahmsweise solche Abdrücke vor, an denen auch die Epidermisstruktur erhalten geblieben ist. So konnte eine Kutikularanalyse nur in den seltensten Fällen durchgeführt werden.

Schon hier müssen wir betonen, daß die Flora von Ungarn während des Tertiärs nie eine echt tropische bzw. äquatoriale war, da neben echt tropischen Typen immer eine bedeutende Anzahl von subtropischen, oft sogar gemäßigten Arten zu finden ist. Das weist darauf hin, aber auch aus vielen anderen Zügen haben wir die Überzeugung gewonnen, daß unser Gebiet nie in Äquatornähe, sondern immer in einer im großen und ganzen der gegenwärtigen entsprechenden höheren Breite lag, wenn auch die Temperatur oft bedeutend höher war.

Auch soviel kann als feststehend betrachtet werden, daß in keinem Abschnitt des Tertiärs eine vollkommene Baumlosigkeit herrschte, also keine Steppen- bzw. Wüstenverhältnisse entwickelt waren. Dies scheint darauf zu deuten, daß das Gebiet nie in der Wüstenzone und nie allzuweit von einer großen Wasserfläche lag.

Von der Kreideflora wissen wir in Ungarn so viel wie nichts. Es mangeln Fundorte mit Kreidepflanzen. Nur die Pollenanalytik und die Paläoxylotomie belehrt uns über mehrere Kreidetypen. Die Beziehungen der Kreideflora zur Eozänflora entziehen sich aber unseren Kenntnissen.

Auch die schon länger bekannten Eozänfloren sind arm an Pflanzenresten. Beinahe alle ungarischen Eozänfundorte liegen jenseits der Donau, in Transdanubien. In der letzteren Zeit wurden dann viel reichere Eozänfloren erschlossen, die aber noch nicht gründlich bearbeitet sind. Pollenanalytische Untersuchungen stehen uns reichlich zur Verfügung. Sie sind für stratigraphische Zwecke sehr wertvoll, geben aber keine genügende Grundlage zum Entwurf einer Floren- bzw. Vegetationsgeschichte.

Soviel steht fest, daß die Mehrzahl der Pflanzenarten des Eozäns tropisch war. Es gab reichlich Palmen. Eine *Nipa*-Mangrove war entwickelt. Einzelne Schichten enthalten sehr reichlich Palmenpollen. Die letzten Untersuchungen wiesen aber auch weniger makrotherme Elemente nach. In Lábatlan, einem reicheren Eozänfundort, ist eine *Eucalyptus*-Art (abgebildet bei É. KOVÁCS, 1959, S. 136) das leitende Element. Von vielen Paläobotanikern wird das Vorkommen dieser Gattung im Tertiär der nördlichen Halbkugel bezweifelt. Dagegen ist *Eucalyptus* auch pollenanalytisch nachgewiesen. Wenn es sich aber auch nicht um die Gattung *Eucalyptus* selbst handelt, so gehört das Fossil doch einem Hartlaubelement von südlicher Verwandtschaft an.

Ein interessantes und viel umstrittenes Fossil ist *Embothrites borealis*, welches in Ungarn vom Eozän bis zum Helvétien, im Ausland bis zum oberen Miozän vorkommt. Das Fossil wurde als der Same einer Proteacee beschrieben, dann als Frucht in die Familie *Anacardiaceae* eingereiht. Ein Fruchtstand aus Siebenbürgen mit ahornähnlichen Doppelflügelfrüchten (abgebildet bei ANDREÁNSZKY-MÉSZÁROS, 1959, S. 304) gibt uns den Grund, im Fossil eine Aceracee zu vermuten.

Während des ganzen Eozäns herrschte zweifellos die vom Anfang des Tertiärs oder viel wahrscheinlicher schon seit der Kreide hier ansässige wärmeliebende, vornehmlich aus Immergrünen bestehende sog. Poltawa-Flora. Die mikrothermen, sog. turgaischen Arten, die unsere heutige Flora beherrschen, zeigten sich sicher noch nicht in bedeutender Menge. Es kam aber in einem noch nicht festgestellten Abschnitt des Eozäns zu einer bedeutenden Umwandlung. Man bemerkt einen Austausch in den Pollenformen. Moderne Formen traten auf, um dann auch während des Oligozäns zu verbleiben. Der Reichtum an Palmen nahm ab und es entwickelte sich neben dem trockenen *Eucalyptus*-Wald ein mesophiler *Castanopsis*-Wald.

Ein Trockenwald südlichen Typs und ein *Castanopsis*-Wald sind die zwei herrschenden Vegetationstypen des trockenen Bodens während einer längeren Zeit.

Aus dem unteren Oligozän besitzen wir in Ungarn einen überaus reichen Pflanzenfundort am Berg Kiseged bei Eger (Erlau, 120 km nordöstlich von Budapest). Diese Flora steht noch unter Bearbeitung. Die häufigsten Fossilien sind *Castanopsis furcinervis* und *Zizyphus zizyphoides*. Die Palmen sind beinahe vollständig verschwunden, die Koniferen gelangten zu einer bedeutenderen Rolle.

Die Pflanzenreste liegen in Meeressedimenten, in einem Fischschiefer, ihre Stratigraphie ist also ziemlich klar. Am Meeresstrand wuchs eine Mangrove, in der aber *Nipa* fehlte. Dahinter lag ein stark gegliedertes Gelände mit einer von Schritt zu Schritt wechselnden Vegetation. In den Süßwassersümpfen wuchsen Seerosen, Laichkräuter und *Stratiotes*. Am Ufer der Flüsse stand ein Galeriewald von tropischem Antlitz, besonders aus *Ficus*-Arten. Die Nordhänge waren von einem mesophilen *Castanopsis*-Wald eingenommen, in dem *Castanopsis furcinervis* das Leitelement war.

Fundort	Südostasien bis Ostasien	Himalaya	Mittelmeergebiet	Westl. Eurasien	Atlant. Nordamerika	Südl. Nordamerika, Mexiko	Unbekannt
Kiseged unt. Oligozän	68	4	–	–	4	20	4
Windsche Ziegelei ob. Oligozän	53.9	-	–	-	7,7	30.7	7,7
Balaton-Déllö Sarmat	13.3	(3.3)	36.6	10	23,3	10	6.6

Abb. 3

Fundort	Tropisch immergrün	Lorbeerblättrig	Hartlaubig	Halbimmergrün	Sommergrün	Unbekannt
Kiseged unt. Oligozän	4	64	12	–	20	–
Windsche Ziegelei ob. Oligozän	–	46,1	23,1	–	30,8	–
Balaton-Déllö Sarmat	–	16,6	16,6	16,6	46,7	3,3

Abb. 4

Dieser Wald zeigt eine Ähnlichkeit mit gegenwärtigen *Laurisilvae* von Südostasien. An den Südhängen wuchs ein Trockenwald von der Ökologie des kapländischen *Knysna*-Waldes. Dieser Wald war reich an Hartlaubelementen südlichen Typs, darunter Cunoniaceen, besonders mit *Cunonia oligocaenica* (abgebildet bei Andreánszky-Novák, 1957, Taf. II, 5) der fossilen Schwesterart der lebenden *C. capensis*. Auch *Zizyphus zizyphoides* war Mitglied dieser Gesellschaft. Die Belichtungsverhältnisse waren im Waldinneren günstig und eine reiche Strauchschicht aus immergrünen und sommergrünen Sonnensträuchern, mit Abelia (abgebildet bei Andreánszky, 1959, b, S. 18, fig. 8 etc.), Hydrangea (abgebildet dortselbst, S. 9, fig. 3 etc.) usw. war entwickelt.

Wie wir sehen, waren nur die Mangrove und der Galeriewald echt tropische Gesellschaften, die übrigen Vegetationseinheiten weisen ein nur subtropisches Gepräge auf. Die Poltawa-Flora war noch in großer Überlegenheit vorhanden. Mikrotherme sommergrüne turgaische Arten, Ulmen, Pappeln, Erlen, *Ptelea* (abgebildet bei Andreánszky, 1963, d, S. 247), *Rhamnus cathartica*, *Frangula alnus* (abgebildet bei Andreánszky, 1963, d, S. 249), d. h. deren fossile Schwesterarten haben nur sehr spärliche Reste zurückgelassen.

Wir geben hier die Analyse des Verwandtschaftskreises der Eichen, *Castanopsis* ausgenommen. Aus Kiseged wurden 25 Arten nachgewiesen, davon 12 *Lithocarpus*- (inklusive Pasania) und 13 *Quercus*-Arten, darunter 5 der Untergattung *Cyclobalanopsis* und 8 der Untergattung *Euquercus* angehörend. Die *Lithocarpus*- und *Cyclobalanopsis*-Arten, insgesamt 17, also 68%, sind mit südostasiatischen Arten verwandt. Zur selben Verwandtschaft gehören die hier nicht berücksichtigten *Castanopsis*-Arten, obwohl sie nach ihrer Masse in dieser Flora eine viel bedeutendere Rolle spielten. Von den *Euquercus*-Arten ist eine mit einer Himalaya-Art verwandt, die Verwandtschaft einer Art ist unbekannt, 6 Arten sind nordamerikanisch, und zwar, eine atlantisch und 5 mexikanisch. Die Verwandtschaft mit dem westlichen Eurasien fehlt.

Nach dem Laubtypus sind 16 Arten, also 64%, lorbeerblättrig, eine Art wahrscheinlich tropisch immergrün, 3 Arten, d. h. 12%, hartlaubig und 5 Arten, 20%, sommergrün.

Die regionale Verwandtschaft und die Blattypen des Formenkreises der Eiche sind in Tabellen prozentuell berechnet dargestellt (Abb. 3 u. 4).

Von der gesamten Flora steht noch keine ähnliche Analyse zur Verfügung. In der regionalen Verwandtschaft kommt auch die Verwandtschaft mit der südlichen Halbkugel dazu; wir werden daher unbedingt ein etwas abweichendes Spektrum bekommen. Im Laubtypus dürfte der Unterschied kein wesentlicher sein, nur kommen noch Monsunarten hinzu, die aber zusammen kaum mehr als 1 Prozent ausmachen dürften.

Ähnliche Floren- und Vegetationsverhältnisse finden wir in der Umgebung von Óbuda und an den spärlichen mitteloligozänen Fundorten. Die mitteloligozäne Flora kann von der unteroligozänen nicht scharf getrennt werden.

Eine bedeutende Umwandlung tritt im oberen Oligozän, hart an der Alt-Jungtertiär-Grenze ein. Aus diesem Zeitabschnitt haben wir in Ungarn einen Pflanzenfundort, und zwar in der Lehmgrube der Windschen Ziegelei hart am Stadtrand von Eger (Erlau). Hier repräsentieren die drei übereinanderliegenden Schichtengruppen schön diesen Wandel.

Die Flora der unteren und mittleren Schichtengruppe steht noch in engem Verhältnis zur Flora von Kiseged, nur nimmt die Herrschaft der *Castanopsis*-Arten stark ab, auch die südlichen Hartlaubelemente ziehen sich rasch zurück und es erscheinen mehrere Elemente der gemäßigten Zone. So in den unteren Schichten *Quercus gigantum* (abgebildet bei ANDREÁNSZKY, 1965, im Druck), eine großblättrige Eichenart, mit der nordamerikanischen *Q. pagodaefolia* verwandt, in den mittleren Schichten in bedeutenderer Menge die Hainbuche, die aber wieder rasch verschwinden. Der Einzug der Hainbuche in die Windsche Flora bezeichnet die erste bedeutende turgaische Welle.

Der große Schritt in der Floren- und gleichzeitig Vegetationsentwicklung wird zwischen den mittleren und oberen Schichten zurückgelegt. Dieser Wandel besteht aus mehreren Momenten:

1. Die Galeriewälder tropischen Antlitzes werden durch einen Auenwald aus sommergrünen turgaischen Arten ersetzt. Die wichtigste dieser Auenarten ist *Acer trilobatum*, die ganz bis zum Ende des Tertiärs ein wichtiges Element der Auenwälder darstellt (abgebildet bei ANDREÁNSZKY, 1959, a, Taf. XLVIII, 7 etc.).

2. Die subtropischen *Castanopsis*-Lauraceenwälder verschwinden und in den feuchteren Perioden entwickelt sich ein mesophiler *Symplocos-Cedrela*-Wald, aber mit einem starken Einschlag von turgaischen mikrothermen Arten, Erlen, Ulmen-, Ahornarten. Dies ist als die zweite turgaische Welle aufzufassen.

3. Das Klima war aber nicht ständig gleich feucht. Während der Sedimentierung der oberen Windschen Schichtengruppe kam es in den ariden Zwischenzeiten zur Entwicklung einer Palmensavanne. Der subtropische Trockenwald von Kiseged wurde also

C°
5
10
15
20
25
Kiseged
untere
mittlere
obere
Schichten der Wind'schen Ziegelei
Burdigalien
Helvétien
Tortonien
Erdőbénye
Sandsteinfl.
Bánhorváti
Felsőtárkány
Balaton-Déllő
Sarmat
unteres
oberes
Pannon
Oligozän
Miozän
Pliozän

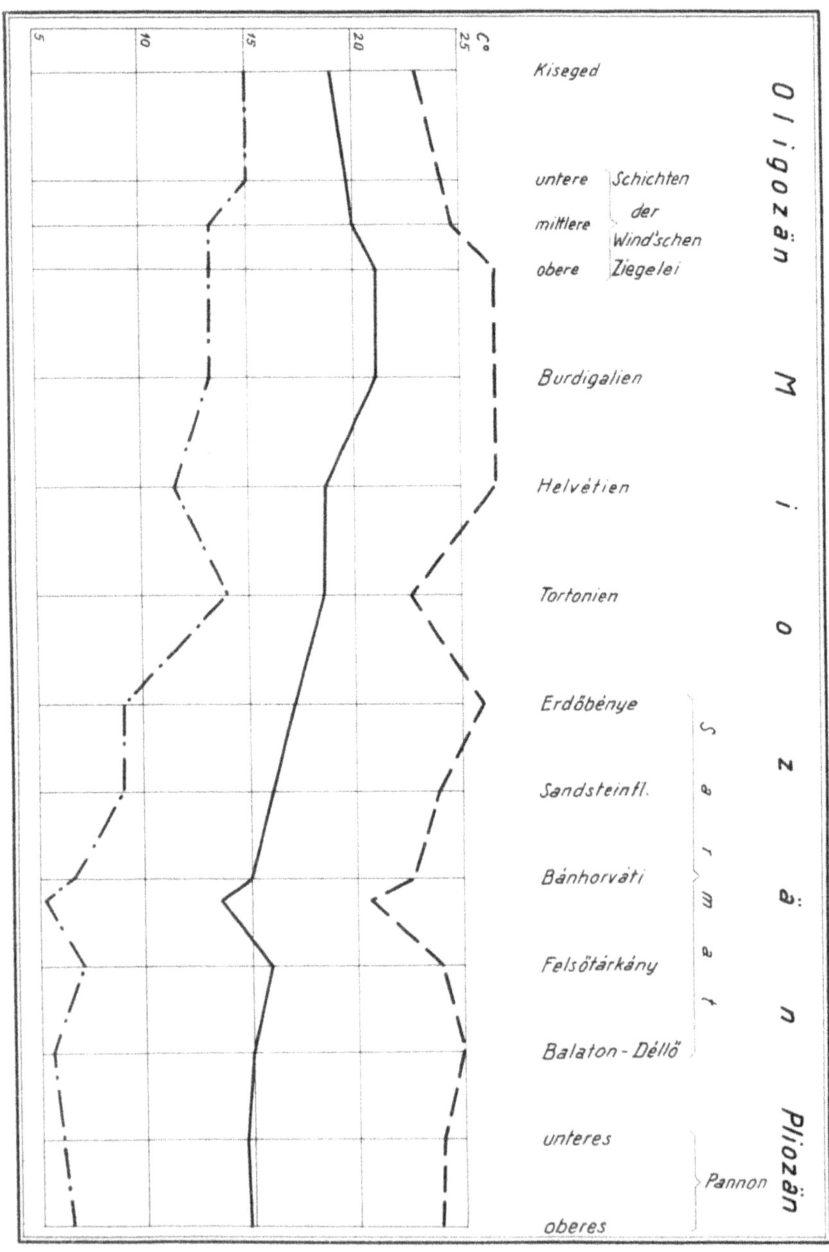

Abb. 5

Jahres niederschlag in mm.
800
1000
1500
2000
schwaches Winter maximum
Kiseged
tropische Regenverteilung
mit einem
Maximum
untere
mittlere
obere
Schichten
der
Wind'schen
Ziegelei
Oligozän
gleichmässige
Regenverteilung
Burdigalien
schwaches Sommer-
maximum
Helvétien
starkes Wintermaximum
Tortonien
starkes Wintermaximum
Erdöbénye
Sandsteinfl.
schwaches
Wintermaximum
Bánhorváti
Felsőtárkány
gleichmässig verteilt
Balaton-Dellő
Sarmat
Miozän
gleichmässig verteilt
bis
schwaches Sommermaximum
unteres
oberes
Pannon
Pliozän

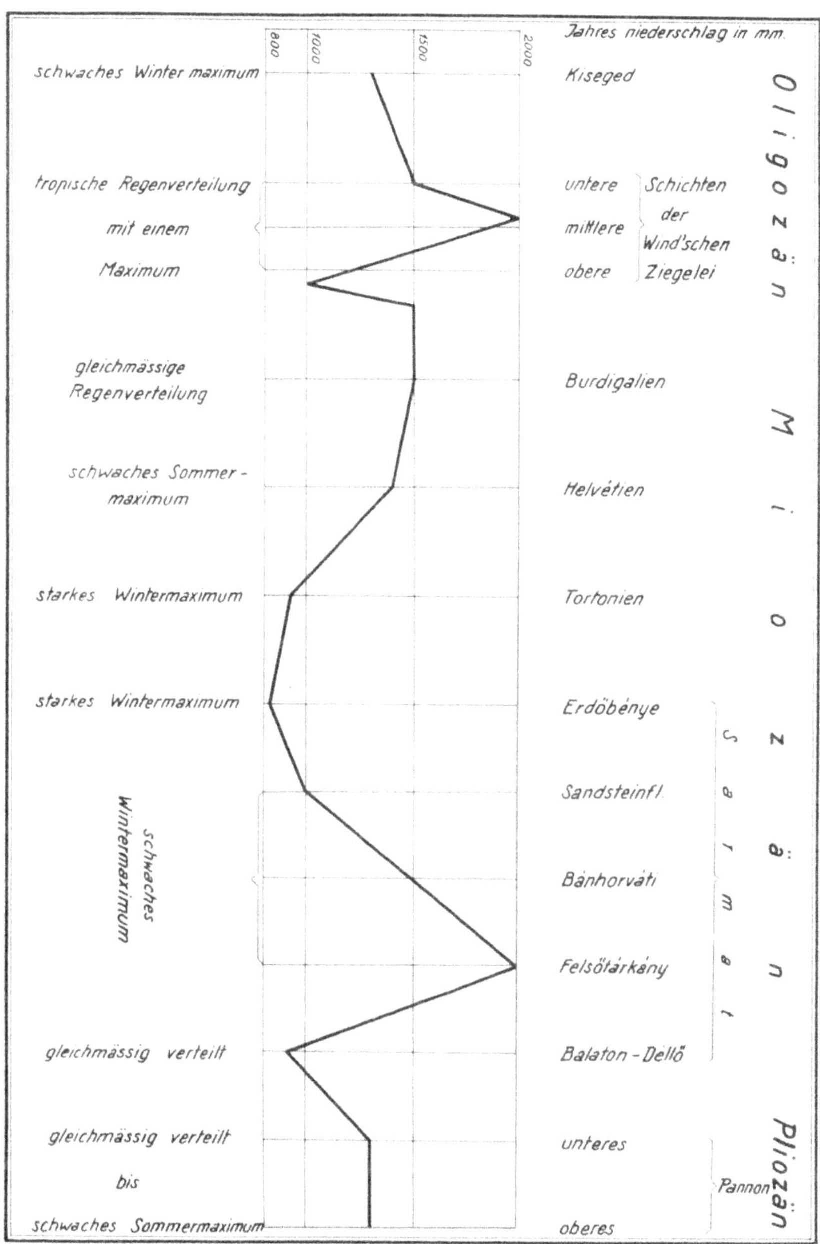

Abb. 6

in der Alt-Jungtertiär-Wendeflora durch eine ganz abweichende Trockengesellschaft ersetzt. Diese Schichten enthalten keine großblättrigen Tropen- wie auch keine mikrothermen sommergrünen Holzarten. Die Temperatur war höher als in Kiseged, den übrigen Windschen Schichten gegenüber nahmen die Hydrometeore bedeutend ab und es erhöhten sich die Extreme, obwohl noch keine empfindlichen Fröste vorkamen.

Der vermutliche Gang der Temperatur und des Niederschlages vom unteren Oligozän bis zum oberen Pannon ist in je einem Graphikon (Abb. 5 und 6) dargestellt.

4. Die Mangrove fehlt vollständig, obwohl die klimatischen Verhältnisse günstig waren.

Zur Darstellung der Verhältnisse in der regionalen Verwandtschaft und in den Laubtypen wollen wir hier wieder den Verwandtschaftskreis der Eiche benützen, da wir die Reste dieses Formenkreises gründlich untersucht haben. Es wurden 13 Arten nachgewiesen, darunter 4 *Lithocarpus*, 3 *Cyclobalanopsis* und 6 *Euquercus*-Arten. Südostasiatisch sind 7 Arten, d. h. 54 %, atlantisch-nordamerikanisch wieder nur 1 Art, südlich nordamerikanisch bzw. mexikanisch 4 Arten, eine Art von unbekannter Verwandtschaft (Abb. 3); nach Laubtypen 6 Arten lorbeerblättrig, 3 Arten hartlaubig und 4 Arten sommergrün (Abb. 4). Es muß betont werden, daß die Mehrzahl der Arten aus der eher subtropischen unteren und mittleren Schichtengruppe stammt, nur 3 Arten aus den viel reicheren oberen Schichten, unter den letzteren eine immergrüne *Lithocarpus*-Art und zwei sommergrüne *Euquercus*-Arten. So widerspiegelt diese Analyse eher die untere und mittlere Flora, nicht aber die obere, wo die Tropen- und die mikrothermen Arten auf Kosten der subtropischen zugenommen haben. Die eigentlichen mikrothermen Eichenarten zeigen sich dagegen noch nicht. Keine einzige westlich-eurasiatische Eiche konnte nachgewiesen werden, natürlich auch keine mediterrane.

Nach der Windschen Flora stehen wir einer ziemlich langen Lücke gegenüber. Aus dem Burdigalien besitzen wir viele Braunkohlenschichten. Die aus diesen pollenanalytisch und paläoxylotomisch bestimmten Fossilien geben aber ein einseitiges Bild über die damalige Flora. Der überaus reiche und nach dem verkieselten Riesenstamm und den fossilen Säugetier- und Vogelfußspuren weltberühmte Fundort von Ipolytarnóc ist florengeschichtlich nicht genügend erforscht. Neben ziemlich viel Palmen ist das turgaische Element stärker geworden. Analysen stehen uns in keiner Richtung zur Verfügung. Unsere Vermutung ist aber, daß die Poltawa-Flora ihre leitende Rolle schon eingebüßt hat.

Schöne und reiche helvetische Floren kennen wir aus dem Mecsekgebirge und wieder aus der Umgebung von Eger (Erlau). Es kommen noch echt tropische Elemente vor, darunter *Platycerium* (abgebildet bei CZIFFERY-SZILÁGYI, 1961, S. 42). Doch ist die Durchschnittstemperatur gegenüber den Windschen Schichten um 2 bis 3°C gesunken. Die Schwankungen und Extreme sind aber noch immer gering. Fröste sind selten und nie stark. In der regionalen Verwandtschaft ist noch immer Ostasien bevorzugt, doch hat sich der Schwerpunkt der verwandten Arten etwas nördlicher, in das Gebiet der südlichen Nebenflüsse des Jangtsekiang verlegt. Der Formenkreis der Eiche ist noch nicht gründlich studiert, doch kam es in dieser Verwandtschaft zu einem großen Wandel. Es erscheinen schon die Eichen mediterraner Verwandtschaft und daneben auch andere mediterrane Arten, darunter *Acer decipiens* (abgebildet bei ANDREÁNSZKY, 1959, a, Taf. LII, 3), die dann bis zum Ende des Sarmats eine hervorragende Rolle spielen.

Die ripikolen und die Sumpfgesellschaften, die letzteren besonders aus *Glyptostrobus* und aus *Myrica*-Arten gebildet, sind gut entwickelt. Die Blätter der Pflanzen des trockenen Bodens sind dagegen eher klein.

Wir sehen außer dem Auftreten einiger mediterraner Elemente bis zum Torton keinen neueren bedeutenden Wandel in der Flora und Vegetation. Nach den oberen Windschen Schichten werden die leitenden tropischen Arten allmählich durch subtropische verdrängt, obwohl die Palmenfunde der Vegetation noch immer einen tropischen Zug verleihen.

Im Torton, unter einem subtropischen Klima mit Winterregen, beginnt eine bedeutendere Umwandlung in der Pflanzendecke. Im Halbtrockenklima kamen am Anfang, wo die Sommeraridität durch eine hohe Luftfeuchtigkeit gemildert war, Bäume bzw. Sträucher mit Blättern, die vom Lorbeertypus zum Hartlaubtypus hinüberführen, darunter in erster Linie Myrsinaceen, zu einer gewissen Bedeutung. *Podogonium knorrii* (abgebildet bei ANDREÁNSZKY, 1959, a, Taf. XLIII, 6), eine Trockenleguminose, erlebte ihre Glanzzeit. Im untersten Sarmat, unter einem echt mediterranen Klima mit erhöhter Sommerdürre, gewannen die Hartlaubelemente mediterranen Typs die Oberhand. Es ist der dritte bedeutende Wandel in der Flora und Vegetation während des Tertiärs.

In der Flora tritt die Verwandtschaft mit Südostasien ganz in den Hintergrund, die ostasiatische Verwandtschaft bezieht sich von nun an auf das turgaische Element. Die Verwandtschaft mit dem Mittelmeergebiet wird plötzlich sehr stark, an die Stelle der

Lorbeerwälder und Strauchgesellschaften treten Hartlaubwälder, aber immer mit sommergrünen Trockenarten gemischt, was der Vegetation ein ostmediterranes Gepräge verleiht.

Wie die Hartlaubzone auch gegenwärtig die schmalste ist, war die Glanzzeit der Hartlaubarten in der ungarischen Tertiärflora von einer ganz kurzen Dauer. Schon am Ende des ersten Abschnittes des unteren Sarmats vermehrten sich die sommergrünen Holzarten. Doch beobachten wir von nun an keinen krassen Wandel mehr in der Flora und Vegetation. Immer und immer tauchen Reste von Hartlaubeichen in den Schichten auf und nur gegen das Ende des Sarmats entwickelt sich eine solche Flora, in der das mediterrane Element nicht mehr tonangebend ist.

Auf dem ersten Abschnitt des unteren Sarmats, in dem die Hartlaubarten ihre größte Entwicklung erreichten, dem Florentypus Erdőbénye, folgten die sog. Sandsteinfloren mit weniger Hartlaubelementen. Hier erscheint in Ungarn *Cercidiphyllum crenatum* zuerst, um dann im folgenden Abschnitt, in der Florengruppe Bánhorváti, zu einem leitenden Element heranzuwachsen. Während der Sandsteinfloren war das Gelände stark coupiert. Der Auenwald bestand aus Platanen, Pappeln, *Liquidambar*, Erlen usw. Gingko spielte mit den Buchen eine führende Rolle im mesophilen Wald. *Cinnamomum* erscheint, nach seinem Zurücktreten in Erdőbénye, wieder.

Im dritten Abschnitt des unteren Sarmats, in der Florengruppe Bánhorváti beginnt eine starke Abtragung der Höhen und eine Versumpfung der Täler. Die xerothermen Wälder mit mehreren Hartlaubarten waren vom mesophilen Wald, in dem die Ahornarten ihre Glanzperiode erreichten, ziemlich gut getrennt. Es fehlten die Koniferen und die Buche. In einzelnen Fundorten dieser Florengruppe wie auch im ersten Abschnitt des oberen Sarmats, kam einer Eichenart eine bedeutende Rolle zu. Diese wurde nach ihren Blättern anfangs mit der pontischen Eiche in Beziehung gebracht. Nach den Eicheln und Fruchtbechern (abgebildet bei ANDREÁNSZKY, 1963, a, Taf. II) gehört sie aber in den Formenkreis der Libanoneiche, deren fossile Schwesterart wir in der in denselben Floren häufigen *Q. kubinyii* (abgebildet bei KOVÁTS, 1856, a, tab. III) erblicken.

Im ersten Abschnitt des oberen Sarmats, in Felsőtárkány, setzte sich die Abtragung des Geländes und die Versumpfung fort. In den Sümpfen erscheint *Glyptostrobus* wieder, und zwar in großer Menge. Im mesophilen Wald finden wir *Cercidiphyllum* nebst einer Anzahl von Ulmenarten.

Dann wird das Gelände wieder unruhig, eine starke vulkanische Tätigkeit tritt ein und auf einem zerklüfteten Terrain entwickelt sich ein an Arten sehr reicher, mehrstöckiger Wald, in dem die obere lockere Kronschicht aus Sommergrünen und Koniferen von Riesenwuchs gebildet war. Die darunter entwickelte eigentliche Kronschicht, die sog. Buchenhöhe war auch nicht ganz geschlossen und bestand aus einer Reihe von Baumarten, darunter vielen Eichenarten. Die unteren Schichten enthielten auch lorbeerblättrige und hartlaubige Bäume bzw. Sträucher. Eine solche Flora wurde aus dem Fundort Balaton-Déllő zutage gefördert. 200 Holzarten bildeten diesen meso-xerophilen Wald, darunter 30 Eichenarten, die wir nun zu analysieren wünschen. *Castanopsis* ist verschwunden, ihre letzten Reste kennen wir aus dem Helvétien. Im Sarmat wird sie schon durch *Castanea* ersetzt. Auch *Lithocarpus* ist abgezogen. Es ist erwähnenswert, daß mehrere unserer unter- bis oberoligozänen Arten im südlichen Kaukasus, offenbar unter dem Schutz des damals schon erhabenen Gebirges ganz bis zum Pliozän erhalten geblieben sind. Diese Funde weisen auf den Weg, über den sich diese Arten zurückgezogen haben. In Ungarn haben wir es von nun an nur mit der Gattung *Quercus* zu tun. Von den 30 Arten gehören 3, also 10%, der Untergattung *Cyclobalanopsis* an. Dazu gehört noch eine problematische Art *Euquercus* und so macht das ostasiatische Element 13,3% aus. Am stärksten ist die mediterrane Gruppe mit 11 Arten, d. h. 36,6%. Dann kommt das atlantisch-nordamerikanische Element mit 7 Arten, 23,3%, ziemlich gleich sind das mexikanische und das westlich-eurasiatische mit je 3 Arten. Ganz unbekannter systematischer Stellung sind 2 Arten. Nach dem Laubtypus sind lorbeerblättrig immergrün 5 Arten, 16,6%, hartlaubig und auch halbimmergrün je 5 Arten, sommergrün 14 Arten, d. h. 46,7%, unbekannt eine Art.

Unsere Floren- und Vegetationsgeschichte während des Pliozäns ist sehr kurz. Wir besitzen keine ausgiebigen Fundorte. Soviel konnte aber auch in Ungarn festgestellt werden, daß in der Flora das mitteleuropäische Element sehr rasch zunahm und die tropischen, sodann die subtropischen eins nach dem anderen verschwanden, bis dann am Anfang des Quartärs eine neue gründliche Wandlung eintrat.

Die Floren- und Vegetationsgeschichte des ungarischen Tertiärs ist vom Oligozän ab durch das allmähliche, doch mit wiederholten Rückschlägen unterbrochene Verstärken des turgaischen Elementes auf Kosten der Poltawa-Flora gekennzeichnet. Dabei kam es in zwei Abschnitten zu einer Invasion von Trockenarten, die wir offenbar aus dem Westen, also aus dem Atlantischen Gebiet erhielten, so daß wir dort unter einem Halbtrockenklima ein Artenbildungszentrum für Halbtrockentypen, darunter in erster

Linie Hartlaubarten annehmen können (Andreánszky, 1963, b u. c). Die turgaischen Arten sind aus dem Nordosten eingedrungen. Sie sind hier ruckweise erschienen, in Wellen, aber einem Wellenberg folgte am Anfang immer ein Wellental. Die ersten Wellen kamen in Zeiten an, wann die Umweltverhältnisse dem Poltawa-Element noch günstig waren. Sie konnten dem späteren Angriff gegenüber standhalten. Infolge allmählichen Veraltens begann sich dann das Areal der Poltawa-Arten zu verengen und an den Grenzen dieses Areals waren die Arten zu einem erfolgreichen Kampf ums Dasein den kräftigen, einziehenden turgaischen Arten gegenüber nicht mehr gewachsen. Der Rückzug der Poltawa-Arten erfolgte also noch, bevor die Umweltverhältnisse für sie ungünstig geworden sind.

Die Niederlage des Poltawa-Elementes gegenüber dem turgaischen hat also zwei Ursachen: Die Abnahme der Temperatur und das „Veralten" der Sippen in ihrem westeurasiatischen Areal. Wir behaupten nämlich bei weitem nicht, daß das Poltawa- und damit das Tropenelement an sich älter wäre als das turgaische. Auch erfolgte das Veralten nur hier, unter nicht völlig günstigen Verhältnissen und von dem Hauptareal der Flora abgetrennt. In den Tropen selbst behielten sie ihre Vitalität, sie sind in stetiger Ausbreitung und behalten die Fähigkeit zu reger Artenbildung.

Die Flora und Vegetation Ungarns während des Tertiärs war also einem lebhaften Wandel ausgesetzt. Die Paläobotanik hat in erster Linie nur von den Holzarten Kenntnis. Während des Tertiärs können wir eine stetige Artenzahlabnahme in der Holzflora beobachten. Im unteren Oligozän von Kiseged kamen aus einem einzigen beschränkten Fundort 400 Holzarten zum Vorschein. Die reichste sarmatische Flora, die von Balaton-Déllő, enthält 200 Arten. Auf einer Fläche von solchem Ausmaß, daß Reste an einen Fundort gelangen können, leben gegenwärtig in Mitteleuropa nicht mehr als etwa 50 Holzarten. Dies bedeutet eine stetige und unwiderrufliche Abnahme der Artenzahl, die nicht gänzlich der Wirkung der Eiszeit zugeschrieben werden kann.

Je tiefer wir in das Tertiär zurückschauen, um so artenreichere und mannigfaltigere Wälder ziehen vor unseren Blicken vorbei.

Literatur

Andreánszky, G., 1955, 1956: Neue und interessante tertiäre Pflanzenarten aus Ungarn. I. Annal. Hist. Nat. Mus. Nat. Hung. n. ser. *6*, 37–50; II. ibidem n. ser. *7*, 221–229.

— 1959: a) Die Flora der sarmatischen Stufe in Ungarn. Budapest.

ANDREÁNSZKY, G., 1959: b) Contributions à la connaissance de la flore de l'oligocène inférieur de la Hongrie et un essai sur la reconstitution de la flore contemporaine. Acta Bot. Acad. Sci. Hung. *5*, 1—37.

— 1961: Ergänzungen zur Kenntnis der sarmatischen Flora Ungarns. I. Annal. Hist. Nat. Mus. Nat. Hung. Pars Mineral. et Palaeont. *53*, 13—33.

— 1962: Contributions à la connaissance de la flore de l'oligocène supérieur de la briqueterie Wind près d'Eger (Hongrie sept.). Acta Bot. Acad. Sci. Hung. *8*, 219—239.

— 1963: a) Ergänzungen zur Kenntnis der sarmatischen Flora Ungarns. II. Annal. Hist. Nat. Mus. Nat. Hung. Pars Mineral. et Palaeont. *55*, 29—50.

— 1963: b) Das Trockenelement in der alttertiären Flora Mitteleuropas auf Grund palaeobotanischer Forschungen in Ungarn. Vegetatio. *11*, 95—111.

— 1963: c) Das Trockenelement in der jungtertiären Flora Mitteleuropas. Vegetatio. *11*, 155—172.

— 1963: d) Beiträge zur Kenntnis der unter-oligozänen Flora der Umgebung von Budapest. Acta Bot. Acad. Sci. Hung. *9*, 227—257.

— 1965: Evolution and ecology of the Upper Oligocene flora of the clay pit at the factory Wind in Eger (Hungary). Studia Biol. Hung. *3* (unter Druck).

ANDREÁNSZKY, G. — KOVÁCS, E., 1955: Gliederung und Ökologie der jüngeren Tertiärfloren Ungarns. Annal. Inst. Geol. Publ. Hung. *44*, 1.

ANDREÁNSZKY, G. — NOVÁK, E., 1957: Neue und interessante tertiäre Pflanzenarten aus Ungarn. III. Annal. Hist. Nat. Mus. Nat. Hung. n. ser. *8*, 43—53.

ANDREÁNSZKY, G. — MÉSZÁROS, M., 1959: Ősnövények az Erdélyi Medence középső-eocénjéből. — Pflanzenreste aus dem mittleren Eozän des Siebenbürgischen Beckens. Földt. Közl. *89*, 303—307.

CZIFFERY-SZILÁGYI, G., 1961: Beiträge zur Kenntnis der Tertiärflora Ungarns. Annal. Hist. Nat. Mus. Nat. Hung. Pars Mineral. et Palaeont. *53*, 35—48.

— 1963: Beiträge zur Kenntnis der Tertiärflora Ungarns. Annal. Hist. Nat. Mus. Nat. Hung. Pars Mineral. et Paleont. *55*, 51—60.

KEDVES, M., 1963: Contributions à la flore éocène inférieur de la Hongrie sur la base des examens palynologiques des couches houillières du puits III. d'Oroszlány et du puits XV/B de Tatabánya. Acta Bot. Acad. Sci. Hung. *9*, 31—66.

KOVÁCS, É., 1959: Note sur la flore éocène de Lábatlan (Transdanubie du Nord). Annal. Univ. Sci. Budap. Sect. Biol. *2*, 135—140.

— 1961: Középső-eocén flóra Lábatlanról. Mitteleozäne Flora der Umgebung von Lábatlan. M. All. Földt. Int. Evi Jelent. 1957—58 évről. 473—495.

— 1962: Untersuchungen an ungarländischen Eichen des Tertiärs. I. Sarmatische Eichen. Acta Bot. Acad. Sci. Hung. *8*, 283—302.

KOVÁTS, J., 1856: a) Fossile Flora von Erdőbénye. Arb. Geol. Ges. f. Ungarn *1*, 1—37.

— 1856: b) Fossile Flora von Tállya. Arb. Geol. Ges. f. Ungarn *1*, 39—52.

NAGY, E., 1962: Reconstruction of vegetation from the Miocene Sediments of the Eastern Mecsek Mountains on the Strength of Palynological Investigations. Acta Bot. Acad. Sci. Hung. *8*, 319—328.

NAGY, E. — PÁLFALVY, I., 1963: Az egri téglagyári szelvény ősnövénytani vizsgálata. Révision paléobotanique de la coupe de la briqueterie Wind d'Eger. Földt. Int. Evi Jelent. 1960-ról, 223—263.

PÁLFALVY, I., 1951: Növénymaradványok Eger harmadkorából. Plantes fossiles de l'époque tertiaire d'Eger. Földt. Közl. *81*, 57—80.

RÁSKY, K., 1943: Die oligozäne Flora des kisceller Tons in der Umgebung von Budapest. Földt. Közl. *73*, 503—536.

— 1959: The fossil Flora of Ipolytarnóc. Preliminary Report. Journ. of Paleont. Menasha, Wisconsin. *33*, 453—461.

— 1960: Pflanzenreste aus dem Obereozän Ungarns. Senckenberg. Lethaea *41*, 423—442.

STAUB, M., 1882: Baranyamegyei mediterrán növények. (Mediterrane Pflanzen aus dem Komitat Baranya). Földt. Int. Évk. *6*.

UNGER, F., 1869: Die fossile Flora von Szántó. Denkschr. Akad. Wiss. Wien, math.-naturw. Kl. *30*.

VITÁLIS, G. — ZILAHY, L., 1951: Csörög környéki harmadidőszaki növénymaradványok. Tertiary fossil Plants in the Vicinity of Csörög. Annal. Biol. Univ. Hung. *1*, 161—170.

Anschriften der Textabbildungen:

Abb. 1. Die Lage der wichtigeren tertiären Pflanzenfundorte in Ungarn. I. — E = eozäne, UO = unter-oligozäne, OO = ober-oligozäne, B = burdigalische und H = helvetische Fundorte.

Abb. 2. Die Lage der wichtigeren tertiären Pflanzenfundorte in Ungarn. II. — T = tortonische, S = sarmatische, P = pannonische Fundorte.

Abb. 3. Analyse der Lithocarpus- und Quercus-Arten nach ihrer regionalen Verwandtschaft in Prozenten.

Abb. 4. Analyse der Lithocarpus- und Quercus-Arten nach ihren Laubtypen in Prozenten.

Abb. 5. Vermutlicher Gang der Temperatur in Ungarn vom unteren Oligozän bis zum oberen Pannon. Ununterbrochene Linie = Jahresdurchschnitt, gestrichelte Linie = Durchschnitt des wärmsten Monats, strichpunktierte Linie = Durchschnitt des kältesten Monats.

Abb. 6. Vermutlicher Gang des Jahresniederschlages in Ungarn vom unteren Oligozän bis zum oberen Pannon, nebst der vermutlichen Verteilung über das Jahr.

Die in den Sitzungsberichten Abtlg. I und Abtlg. II der math.-nat. Klasse der Österr. Ak. d. Wiss. erscheinenden Abhandlungen werden auch einzeln abgegeben. Sie können durch jede Buchhandlung oder direkt durch die Auslieferungsstelle der Österreichischen Akademie der Wissenschaften (Wien I, Singerstraße 12) bezogen werden.

Nachfolgende Abhandlungen aus dem Fach der **Zoologie** sind erschienen:

1959 (S I Bd. 168):

Löffler Heinz: Zur Limnologie. Entomostraken- und Rotatorienfauna des Seewinkelgebietes (Burgenland, Österreich) (mit 5 Textabbildungen und 4 Tafeln). S 60.20

Remaudière Georges: Zoologisch-systematische Ergebnisse der Studienreise von H. Janetschek und W. Steiner in die spanische Sierra Nevada 1954. XI. Homoptera, Aphidoidea (mit 12 Textabbildungen). S 9.70

Schubart Otto: Zoologisch-systematische Ergebnisse der Studienreise von H. Janetschek und W. Steiner in die spanische Sierra Nevada 1954. XII. Diplopoda (mit 9 Textabbildungen). S 16.50

Schuster Reinhart: Ökologisch-faunistische Untersuchungen an den bodenbewohnenden Kleinarthropoden (speziell Oribatiden) des Salzlachengebietes im Seewinkel (mit 6 Textabbildungen). S 45.40

Steiner Walter: Zoologisch-systematische Ergebnisse der Studienreise von H. Janetschek und W. Steiner in die spanische Sierra Nevada 1954. X. Springschwänze (Collembola) (mit 5 Textabbildungen). S 12.90

Wettstein-Westersheimb Otto: Die alpinen Erdmäuse. S 10.—

1960 (S I Bd. 169):

Abel W.: Biophysikalische Gesetzmäßigkeiten am Vogelei (Das Aktivstufengesetz und Energiegesetz) (mit 20 Abbildungen, davon 2 Abbildungen auf 1 Tafel). S 60.—

Nemenz H.: Experimente zur Ionenregulation der Larve von Ephydra cinerea Jones (Dipt.) (mit 7 Textabbildungen). S 20.30

Viets O. Kurt: Kleine Sammlungen von Wassermilben (Hydrachnellae und Porohalacaridae aus Österreich (mit 9 Textabbildungen). S 17.—

1961 (S I Bd. 170):

Abel E. F., Über die Beziehungen mariner Fische zu Hartbodenstrukturen (mit 5 Textabbildungen). S 170–24, S 47.–

Eiselt Josef, Neubeschreibungen und Revision siphonostomer Cyclopoiden (Copepoda, Crust.) von der südlichen Hemisphäre nebst Bemerkungen über die Familie Artotrogidae Brady 1880 (mit 18 Textabbildungen). S 170–29, S 82.–

Gozmány L., Zoologische Ergebnisse der Mazedonienreisen Friedrich Kasys. III. Teil: Lepidoptera: Gelechiidae. Eine neue Art der Gattung Eremica (mit 1 Textabbildung). S 170–28, S 5.–

Hannemann H. J., Zoologische Ergebnisse der Mazedonienreisen Friedrich Kasys. II. Teil: Lepidoptera: Scythridae (mit 4 Textabbildungen). S 170–27, S 8.–

Petrovitz Rudolf, Zoologische Ergebnisse der Österreichischen Karakorum-Expedition 1958. II. Teil: Coleoptera: Scarabaeidae (mit 12 Textabbildungen). S 170–5, S 17.90

Starmühlner Ferdinand, Eine kleine Molluskenausbeute aus Nord- und Ostiran (mit 1 Textabbildung und 2 Tafeln). S 170–4, S 14.70

Toll Sergiusz, Zoologische Ergebnisse der Mazedonienreisen Friedrich Kasys. I. Teil: Lepidoptera: Choleophoridae (mit 54 Textabbildungen und 1 Tafel). S 170–26, S 33.–

1962 (S I Bd. 171):

Beier Max, Zoologische Studien in West-Griechenland. X. Teil. Walter Klemm, Die Gehäuseschnecken (mit 1 Kartenskizze, 2 Abbildungen und 4 Tafeln) 171–7, S 55.–

Schedl Wolfgang Ein Beitrag zur Kenntnis der Pilzübertragungsweise bei xylomycetophagen Scolytiden (Coleoptera) (mit 16 Abbildungen) 171–19, S 39.–

GPSR Compliance
The European Union's (EU) General Product Safety Regulation (GPSR) is a set of rules that requires consumer products to be safe and our obligations to ensure this.

If you have any concerns about our products, you can contact us on

ProductSafety@springernature.com

In case Publisher is established outside the EU, the EU authorized representative is:

Springer Nature Customer Service Center GmbH
Europaplatz 3
69115 Heidelberg, Germany

www.ingramcontent.com/pod-product-compliance
Ingram Content Group UK Ltd.
Pitfield, Milton Keynes, MK11 3LW, UK
UKHW021927190726
13853UKWH00002B/900

* 9 7 8 3 6 6 2 2 2 7 2 2 0 *